新型职业农民培育教材

《热带亚热带果树高效生产技术》系列丛书

杨桃

U0349488

优良品种与高效栽培技术

◎ 张泽煌　任　惠　张玮玲　等　编著

中国农业科学技术出版社

图书在版编目（CIP）数据

杨桃优良品种与高效栽培技术/张泽煌等编著. — 北京：中国农业科学技术出版社，2019.6

（热带亚热带果树高效生产技术系列丛书）

ISBN 978-7-5116-4202-8

Ⅰ.①杨⋯　Ⅱ.①张⋯　Ⅲ.①酢浆草科—果树园艺　Ⅳ.① S667.9

中国版本图书馆 CIP 数据核字（2019）第 094757 号

责任编辑　徐定娜　周丽丽
责任校对　马广洋

出　　版　中国农业科学技术出版社
　　　　　北京市中关村南大街 12 号　　邮编：100081
电　　话　（010）82105169（编辑室）
　　　　　（010）82109702（发行部）　（010）82109709（读者服务部）
传　　真　（010）82105169
网　　址　http://www.castp.cn
经　　销　各地新华书店
印　　刷　北京富泰印刷有限责任公司
开　　本　710mm×1000mm　1/16
印　　张　4
字　　数　67 千字
版　　次　2019 年 6 月第 1 版　　2019 年 6 月第 1 次印刷
定　　价　22.00 元

资助项目

本图书的出版得到了以下项目的资助：

1. 福建省公益类科研院所基本科研专项"果树优良品种基地建设与示范"（计划编号：2017R1013-9）

2. 福建省农业科学院出版基金专项经费"杨桃高效栽培技术"（计划编号：CBZX2017-21）

3. 广西科研重点研发计划项目"杨桃优良新品种选育"（计划编号：桂科 AB16380134）

《杨桃优良品种与高效栽培技术》
编著人员

主　编　著： 张泽煌

副主编著： 任　惠　张玮玲

编　　著：（按拼音顺序排列）

蔡达权　胡蔼青　黄金凤　林旗华　刘业强

王景生　张雅玲　钟秋珍

前　言

随着社会经济发展，居民生活水平日益提高，热带亚热带果树栽培快速发展，优良品种和现代生产技术越来越受到重视，栽培、保鲜和加工技术也得到了长足发展。为满足南方亚热带区域果树产业发展需求，福建省农业科学院果树研究所所长叶新福研究员牵头相关果树科技人员撰写了《热带亚热带果树高效生产技术》系列丛书。

《杨桃优良品种与高效栽培技术》是《热带亚热带果树高效生产技术》系列丛书的组成部分之一，本书可为果树种植户、观光果园建设者、庭院果树栽培爱好者提供一本图文并茂、通俗易懂的参考资料，也可以用于对果树感兴趣人士了解杨桃及其栽培的入门手册。

由于编著者水平所限，书中不妥之处在所难免，敬请广大读者和同行专家批评指正。

目 录 Contents

概　述

杨桃（*Averrhoa carambola* L.）学名五敛子，又名"羊桃""阳桃"，属酢浆草科五敛子属。杨桃原产于亚洲东南部，在泰国、印度尼西亚、马来西亚、印度、越南、菲律宾、澳大利亚、巴西、美国等地均有栽培。杨桃在我国有2 000多年栽培历史，是我国南方重要特色水果，主要分布于福建、广西壮族自治区（全书简称广西）、海南、广东、台湾、云南等省（区）。

据不完全数据统计，截至2018年年底，全国杨桃栽培总面积约7.5万亩（1亩约等于667平方米，1公顷=15亩。全书同），其中福建省栽培面积约3.1万亩，广东省约2.0万亩，广西约1.2万亩，海南省约1.0万亩，其他省区栽培面积相对较少。

福建省杨桃栽培面积较多，主要分布在云霄县、南靖县、漳浦县等闽南地区，其中云霄县栽培面积最大，约1.5万亩；其次为南靖县，栽培面积约1.2万亩；漳浦县栽培面积约1 500亩。此外，龙海市、长泰县等其他县市亦有少量栽培。广东省杨桃主要分布惠州、高州、湛江、江门、佛山、惠阳、潮州等地。广西杨桃栽培主要分布南宁市、玉林市、贵港市、来宾市和梧州市等桂中南地区。

杨桃花

周年开花结果

结果多产量高

杨桃果实外观优美

杨桃属热带常绿果树，是常绿小乔木或灌木，浆果一年四季交替互生。杨桃果实一般生于老枝枝旁或落叶后叶腋，未熟时绿色或淡绿色，熟时黄绿色至鲜黄色。杨桃果实外观美、芳香清甜、果汁充沛，对人体有助消化、滋养和保健功能，可消除咽喉炎症及口腔溃疡，防治风火牙痛，是非常受欢迎的水果。除肾病患者应忌口外，一般人群均可安心食用。杨桃果实可加工成杨桃脯、杨桃干和杨桃汁等产品，风味独特，深受消费者喜欢。杨桃产量高，鲜果上市时间长，对调节水果的鲜果供应有重要作用。

由于杨桃生长快，一年可多次开花结果，通过产期调节后可在中秋、元旦、春节期间上市，品质好，既可填补南方水果市场的淡季，又给北方市场提供新鲜、特色水果。由于产量高，经济效益好，在闽南、桂中南等地区形成规模化种植的态势。

杨桃生物学特性

一、对气候条件要求

杨桃生长快，萌枝力强，每年抽梢4～6次，多集中于3—9月，当年抽生的春梢即可在9—11月开花结果。杨桃可一年多次开花结果，丰产性好。春季种植至第二年即可开花结果，早果性好，第五年进入丰产期，株产可达70～80千克。

1.温度

杨桃种植适宜的年平均气温在18～22℃，要求冬季无霜害。当平均气温达到15℃以上时，枝梢开始生长，适宜的温度为26～28℃。花期授粉受精和坐果需要27℃以上的适温。温度降至10℃以下时杨桃生长停滞，引起落叶、落果，低于4℃时杨桃嫩梢易受冷害，气温下降到0℃以下幼树会被冻死，成年树大量枝叶冻伤。

受低温冷害的杨桃小树

受低温冷害的杨桃果实

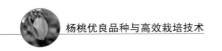

2. 光照

杨桃喜半阴环境，要求光照适中，忌强烈日照。光照强度过高、烈日暴晒会造成秃顶、枯枝，尤其在花期和幼果期惧怕烈日、干风，所以种植杨桃要适当密植，或与其他高大树体果树进行间作。

光照适中有利果实生长　　　　　　　　光照适中有利于杨桃果实外观

3. 水分

杨桃适应性广，但一年发梢多次，生长量大，花多、果多，要求生长季有充足的水分，在年降水量 1 500～3 000 毫米的地区均可种植。杨桃怕旱，干旱易导致落花、落果、落叶，并影响果实发育和果实品质。阴雨过多、地下水位过高和土壤积水，则易导致烂根、新叶发黄，产量降低。

4. 土壤

杨桃种植要求在土层深厚、土壤肥沃、pH 值 5.0～6.5、排灌良好的平地和丘陵园地。

5. 风

杨桃枝梢多且纤细、下垂，果梗较细，风害容易造成落叶、落花和落果，台风危害时会导致枝条折断。种植时要考虑选择避风、向南且较低的位置建园，并及时做好防风护果工作。

选择避风向南处建园

受台风危害后的杨桃园

二、根

根系生长和分布受土壤、地下水位等因素影响。杨桃的主根发达，可深入地下 1 米。侧根多而粗大，主要分布在土层 10～35 厘米处。须根是杨桃的主要吸收根，分布较浅，主要在土层 10～25 厘米处。

三、枝

杨桃抽技能力强，在适宜的温度、水分条件下，整年都可以萌发出新梢，每年可抽生 5～6 次新梢，枝梢长度 25～40 厘米。因此，在种植 1～2 年后即可形成较大的树冠，并正常开花结果。生产上，主要培育春梢及 2 年生的下垂枝为杨桃的主要结果枝。叶为奇数羽状复叶，每个复叶一般有 7～11 片小叶，小叶互生，全缘，卵形或椭圆形。

杨桃老树的主干

杨桃的枝干

四、花

杨桃一年可多次开花结果，花序一般从当年生或 2 年生枝条的叶腋抽生，也有从多年生骨干枝，主枝、主干上发生。花为聚伞花序或圆锥花序，自叶腋或枝干上长出，花枝和花蕾深红色；萼片5，长约5毫米，覆瓦状排列，基部合成细杯状，花瓣略向背面弯卷，长8～10毫米，宽3～4毫米，背面淡紫红色，边缘色较淡，有时为粉红色或白色；雄蕊10枚，外列5枚较短而发育不全、缺花药，内列5枚有花粉；子房5室，每室有多数胚珠，柱头5裂，离生。

杨桃枝干上的花

花果同时生长

杨桃的花穗

杨桃花朵

短柱头的花

长柱头的花

五、果

浆果肉质，长椭圆形，果实多为 5 棱，偶有 4 棱或 6 棱，横切面呈星芒状，果实淡绿色或蜡黄色，有时带暗红色，果面有光泽。种子黑褐色。杨桃花期一般为 6—12 月，结果期为 7 月至翌年 4 月。

杨桃的果实

杨桃的成熟果实

六棱的杨桃果实

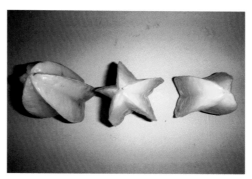

不同果棱数的杨桃果实

杨桃的成熟果实

杨桃采收下来的商品果

第三章

杨桃种类和优良品种

一、主要种类

　　杨桃品种一般可分两类，分别为酸杨桃和甜杨桃。酸杨桃植株高大，生长势强，叶色浓绿，果实肉质粗，味酸，主要用作加工和甜杨桃育苗用砧木。甜杨桃植株较矮化，树势稍弱，叶绿色，果实清甜爽口，风味好，既可鲜食，还可加工成各种产品。生产上推广与栽培的主要为甜杨桃品种。

酸杨桃果实

二、主要品种

1. 香蜜（闽认果 2011010）

原产马来西亚（马来西亚 B10），2003 年云霄县农业局从海南省农业科学院引进，树势强健，枝条开张，小枝多而密，较柔软。奇数羽状复叶，互生。花为聚伞状圆锥花序，腋生或生于枝干，一年多次开花，开花至果实成熟需 60～80 天。果实为肉质浆果，横切面呈五角星状，长椭圆形，果大，敛厚饱满，果皮金黄色，平滑光亮，果肉成熟前青绿色，成熟时呈金黄色。单果重 250～300 克，品质优。经漳州市农业检验检测中心检测：可溶性固形物含量 12.5%，维生素 C 23.6 毫克/100 克，可溶性总糖含量 9.80%，还原糖含量 6.67%，可滴定酸含量 0.15%。

香蜜杨桃果实

2. 台湾软枝杨桃（闽认果 2004004）

南靖县种子管理站 1998 年从台湾省引进。成年树高 2～3 米，冠幅 3～5 米，枝条开张，小枝多而密，柔软下垂。奇数羽状复叶，互生，深绿色，小叶数 11 片偶有 9 片，无托叶，全缘，叶身不对称，晚间叶片折起下垂。花为聚伞状圆锥花序，腋生或生于枝干，一年可抽生多次，可通过人工修剪调节花期，枝条修剪后 40 天开始开花，开花至果实成熟需 60～80 天。果实为肉质浆果，纵径 9～13 厘米，横径 6～9 厘米，5 棱，果棱高 2.5～3.5 厘米，横切面呈五角星状。果实呈长纺锤形，果大，敛厚饱满，果皮金黄色，平滑光亮，果肉成熟前青绿色，成熟时呈橙黄色。单果重 240～350 克，最大果可达 450 克。经漳州市农业检验监测中心测定，可溶性固形物 12.6%，维生素 C 29.6 毫克/100 克，可溶性总糖 10.1%，总酸 0.26%。

台湾软枝杨桃的果实

3. 大果甜杨桃一号（桂审果 2007002 号）

广西农业科学院园艺研究所从马来西亚甜杨桃 B10 系列中选育出的优良单株。枝条开张，小枝多而密，稍直立。叶为奇数羽状复叶，长 11～20 厘米，宽 8～14 厘米互生；小叶数目 7～15 片，多为 11 片，互生或对生；小叶卵形、叶身不对称，一侧基部阔而钝圆，另一侧基部狭斜，复叶顶部的小叶最大。花为总状花序，腋生，长 2～3 厘米。果实为肉质浆果，长纺锤形，果尖中央微突、钝，一般为 5 棱，横切面呈五角星形，果皮薄而光滑，有蜡质光泽，未成熟的果青绿色，成熟时金黄色。平均单果重为 221 克，果肉质细，纤维少，味清甜，果肉可溶性固形物 8%～12.5%，总有机酸含量 0.2%～0.35%。桂南种植每年有 3～4 次花期和果期：5 月中下旬至 6 月上旬开花，8 月中下旬至 9 月初果实成熟；7 月中下旬至 8 月中旬开花，10 月中旬至 11 月上旬初成熟；10 月下旬至 11 月中旬开花，翌年 1 月中旬至 2 月下旬采收。

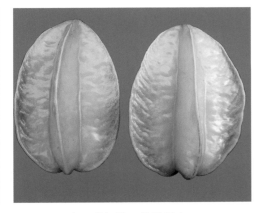

大果甜杨桃一号树上结果状　　　　大果甜杨桃一号的果实

当年种植当年开花挂果，第二年可正式投产，单株产量达 15 千克，第三年单株产量达 30 千克，第四年可进入盛产期，单株产量达 50 千克以上。

4. 大果甜杨桃二号（桂审果 2007003 号）

广西农业科学院园艺研究所选育。枝条开张，小枝多而密，柔软下垂。叶为奇数羽状复叶，长 10～21 厘米，宽 10～16 厘米，互生；小叶数目 7～15 片，多为 11 片，互生或对生；小叶叶身不对称，一侧基部阔而钝圆，另一侧基部狭斜；一年生枝，皮色红褐色，皮孔较突。花为总状花序，腋生，长 2～3 厘米。果实为肉质浆果，短纺锤形，果柄粗较长，易套袋，果敛较高，果肩中央凹陷明显，果尖内凹，一般为 5 棱，横切面呈五角星形，果皮薄光滑，未成熟的果青绿色，敛边显有白斑，成熟时果黄色，敛边白斑逐消。平均单果重为 213 克，果肉可溶性固形物 8.0%～12.5%，总有机酸含量 0.2%～0.45%。 桂南种植每年有 3～4 次花期和果期：5 月中下旬至 6 月上旬开花，8 月中下旬至 9 月初果实成熟；7 月中下旬至 8 月中旬开花，10 月中旬至 11 月上旬初成熟；10 月下旬至 11 月中旬开花，翌年 1 月中旬至 2 月下旬采收。

大果甜杨桃二号的果实

5. 大果甜杨桃三号（桂审果 2007004 号）

广西农业科学院园艺研究所选育。树势稍弱，枝条开张，小枝多而密，柔软下垂。复叶长 8～18 厘米，宽 9～14 厘米，小叶多为 9～11 片，卵形，叶尖突尖。花序长 2～3 厘米。果实长椭圆形，果敛薄，果尖突出，果皮薄而光滑。未成熟果青绿色，成熟果黄色，敛边青绿色。平均单果重 183 克，果肉质细爽脆，纤维少，味清甜，品质优于原品种。可溶性固形物 12.6%。

在广西桂南每年有 3～4 次花期：即 5 月中下旬至 6 月上旬开花，8 月中下旬至 9 月初果实成熟；7 月中下旬至 8 月中旬开花，10 月中旬至 11 月上旬初成熟；10 月下旬至 11 月中旬开花，翌年 1 月中旬至 2 月下旬成熟。3 年生树亩产量达 2 116.4 千克；4 年生树亩产可达 2 382.8 千克。

大果甜杨桃三号的果实

6. 大果甜杨桃四号（桂审果 2013001 号）

广西农业科学院园艺研究所选育。从大果甜杨桃一号优良单株成熟果实采取种子，后从种子实生苗中筛选育成。该品种枝条开张，树冠呈疏散分层形，叶长椭圆形，叶尖渐尖，叶基圆契形，叶色暗绿；复叶长 8～20 厘米，宽 9～16 厘米，小叶数目多为 9～11 片；花序长 3～7 厘米。果实长纺锤形，横切面呈五角星形，果实较大，纵径 13.32～15.36 厘米，横径 7.55～8.68 厘米，敛厚 1.88～2.09 厘米，

大果甜杨桃四号的枝条和叶片　　　　　大果甜杨桃四号的果实

敛高 3.19～3.47 厘米，果尖内凹明显，平均单果重 220 克；果皮金黄色；果肉浅黄色至黄色，可溶性固形物含量 9.0%～10.5%，质地爽脆，味清甜，口感好，品质优。

7. 大果甜杨桃五号（桂审果 2016027 号）

广西农业科学院园艺研究所选育。大果甜杨桃一号芽变单株选育而成。树形较开张，枝条半直立，叶为奇数羽状复叶，互生或近对生，复叶长 12～22 厘米，宽 10～16 厘米；小叶 7～15 片，长椭圆形，叶尖渐尖，小叶叶身不对称，叶色绿；花为总状花序，腋生，花序长 2～3 厘米。果实长卵形，横切面呈五角星形，果实较大，纵径 10.56～13.36 厘米，横径 6.85～8.12 厘米，敛厚 2.15～2.39 厘米，敛高 2.72～3.31 厘米，单果重 202～223 克；果尖钝，成熟时黄色；果肉浅黄色至黄色，可溶性固形物含量 8.0%～10.5%，果肉质细，味清甜。

大果甜杨桃五号结果状

8. 大果甜杨桃六号（桂审果 2016028 号）

广西农业科学院园艺研究所选育。枝条开张，小枝多而密，柔软下垂，叶为奇数羽状复叶，互生或对生，复叶长 10～22 厘米，宽 9～16 厘米；小叶 9～11 片，长椭圆形，叶尖急尖，叶身不对称，叶色绿；总状花序，腋生，花序长 2～3 厘米。果实卵形，横切面呈五角星形，果实较大，纵径 12.28～15.07 厘米，横径 6.65～7.64 厘米，敛厚 1.75～2.10 厘米，敛高 2.42～2.91 厘米，单果重 195～212 克；果皮薄而光滑，果尖钝，成熟时黄色；果肉浅黄色至黄色，可溶性固形物含量 8.0%～11.5%，果肉质细，味清甜。

大果甜杨桃六号叶片　　　　　　　　　　大果甜杨桃六号果实

9. 红龙杨桃

枝条直立，果实长椭圆形，可溶性固形物含量高，果形肥大，色泽黄里透红，平滑光亮。肉质柔软化渣。果实230～427克。耐寒性稍差。

红龙杨桃的果实

10. 泰国种杨桃

果实纺锤形，色泽金黄色，平滑光亮，口感清甜，肉脆化渣、果心小、果棱肥胖、可食率高，单果重200～270克，最大650克。适应性强、栽培容易、生长快、早产、稳产、果品供应期长。

泰国种杨桃果实

杨桃育苗技术

一、砧木培育

目前生产上都选用酸杨桃的种子来培育砧木苗，酸杨桃作砧木与其他品种的亲和性良好，嫁接后苗木生长强健，种植后生长速度快、丰产性好。一般于每年的9—10月采摘充分成熟、果形端正、果棱饱满、无病虫害的酸杨桃果实，取出种子，洗净种子外层的黏液物质，放在通风阴凉处晾3～4天，然后直接播种，或用湿沙保存至翌年2—3月春播。

播种前苗床要深翻晒白，以腐熟有机肥为基肥，施用量每公顷7 500～15 000千克。将种子均匀撒在畦面，盖上一层细沙土，覆盖稻草并淋水保湿。当幼苗长到10厘米以上时开始浇施浓度为0.2%～0.3%的15：15：15复合肥溶液，每20～30天一次。注意及时除草，加强病虫害防治。在2—3月苗高20厘米以上时进行移植，株行距为15厘米×20厘米。砧木苗的高度达50～60厘米时，剪除顶芽，主干茎粗0.5厘米以上的即可用于嫁接。

杨桃砧木苗

二、接穗采集

杨桃接穗应采自丰产、稳产、果大、质优的母本树上，选择树冠外围向阳部位、生长充实、已木质化、幼芽未萌动的 1 年生枝条，随采随接。

三、嫁接方法

嫁接时间以 2—3 月为最适期。一般采用切接法，在砧木离地面 10～15 厘米处进行嫁接。选取 3～5 厘米长的接穗，切口之上需留有一芽。嫁接时切口长度 1～1.2 厘米，要求切口平滑，形成层对准，切口及接穗用薄膜全封闭包扎。9—10 月可采用芽接法对未嫁接成功的苗木补接。

杨桃小苗嫁接

杨桃大树高接换种　　　　　　　　杨桃营养袋

四、嫁接苗管理

嫁接成活后，新梢上抽生出 3～5 片叶时，施稀薄的液肥，每月 1 次。定期田间检查，抹除砧木上长出的萌蘖。接穗上长出的新梢，保留 1 条健壮的新梢留

下，其余的抹掉。定期淋水灌溉，让苗地的土壤保持湿润。嫁接苗的主干粗度
0.7 厘米以上时，即可起苗出圃。

<table>
<tr><td>嫁接苗管理</td><td>抹除砧木下部萌蘖</td></tr>
</table>

第五章

杨桃建园技术

一、园地选择

杨桃为热带果树，喜高温，怕霜冻，适宜在热带、南亚热带地区作经济栽培，适宜在低海拔无霜或轻霜的地区种植。气温上，要求年平均气温 22 ℃以上、冬季无霜害，极端低温不能低于 2 ℃。

建园时应选择交通便利、坡度在 25 度以下、土层深厚、土壤 pH 值 5.0～6.5、背风向阳和排灌良好的丘陵园地。土壤条件和空气质量需符合 NY 5023—2002 的规定。

二、建园

果园分若干小区组成，小区形状以长方形为宜，每个小区面积一般为 2.0～3.5 公顷。根据地形条件，将几个小区组成一个作业区，每个作业区面积 6.5～13.0 公顷。

杨桃整地建园

三、道路

主干路贯穿全园与外路相连，路面宽 5.5~6.0 米，坡降不大于 7 度，最小转弯半径大于 10 米；支路面宽 3.0~4.0 米，并留有回车场所；小路面宽 1 米左右。

杨桃果园

四、排灌设施建设

平地果园注意排灌系统建设以控制水位，丘陵山地果园要考虑引水灌溉设施建设。成片种植的丘陵山地果园，要在半山腰开截洪沟，沟面宽为 1.0~1.5 米，沟底宽 0.8~1.0 米，沟深 1.0~1.5 米；果园内开宽 0.3 米、深 0.2 米竹节状排水沟，排水沟与截洪沟相连；公顷需建贮水容量 15 立方米以上蓄水池。

平地果园畦沟式种植

五、栽植

1. 品种选择

规模化、商品化杨桃果品生产，宜选择香蜜、台湾软枝杨桃、大果甜杨桃一号和红龙等品质优、商品性好的品种。苗木要从正规育苗单位购买。

2. 栽植密度

株距 3.5～4.5 米，行距 4.5～5.5 米，密度 450～600 株／公顷。

3. 栽植时期

杨桃主要在春、秋两季栽植，春植在 1—3 月春梢萌芽前进行，秋植在 9—10 月秋梢成熟后进行。

4. 栽植方法

选好园地后，在定标前要提前挖好定植穴，开穴规格为长、宽、深各 0.8 米，穴挖好后，每穴填入绿肥 25～50 千克，撒生石灰 1～2 千克，并施 50 千克腐熟有机肥与 0.5 千克磷肥，与土壤拌匀，分层填满，1～2 个月待土壤沉实后，再培成高度 30～40 厘米的土堆。

栽植时，苗木带土栽植或根部沾红泥浆栽植。栽植后，浇足定根水，在树盘盖上柴草或薄膜保湿。生产上有时采用大苗种植，当年可获得一定的产量，提早果园投产。

大苗定植

大苗种植当年结果

杨桃果园管理

一、土壤管理

1. 排灌水

杨桃喜湿润，不耐干旱，连续半个月无雨应及时浇灌水。春夏多雨季节，应当注意做好果园排水、防涝工作。

果园沟灌

果园喷灌

2. 幼龄果园生草

幼龄果园每年进行 4～5 次中耕除草，并配合进行追肥。种植后 1～2 年，在春季 3—4 月套种花生、大豆、印度豇豆、绿豆等绿肥，5—7 月收割 1 次，利用绿色秸秆进行覆盖，覆盖厚度为 15～25 厘米，主干周围留一定空间，不可完全盖住树头。

3. 改良土壤

幼龄果园每年进行 4～5 次中耕除草，并配合追肥。定植 2～3 年后于秋冬季节进行扩穴改土，植株之间挖宽度 60 厘米、深度 50 厘米的条沟，每条沟分层填入绿肥 50 千克、生石灰 1～2 千克、土杂肥 5～10 千克。成年果园每年或隔年培土 1 次，时间在秋冬季节进行。

4. 施肥

幼龄树施肥以氮肥为主，适当搭配磷钾肥和腐熟的有机肥，以薄肥勤施为主，每年施肥 5～8 次，在萌芽前或萌芽后施用。

成年树在每年 4 月中下旬，每株施用商品有机肥 10 千克、复合肥 1 千克。在 7—8 月，每株施 N：P：K 为 15：15：15 复合肥 1～2 千克，10—11 月每株施 17：5：23 复合肥 1～2 千克。

肥料的使用要符合 NY/T 496 中有关规定。

杨桃缺素

缺素的杨桃叶片

杨桃树施肥

杨桃园施肥

二、整形修剪

1. 幼年树整形

幼年树株高 50～60 厘米时剪顶，萌芽后选留 3～5 个新梢培养成主枝，主枝长到 50 厘米左右摘心促进分枝，选留 3～4 个侧芽做副主枝，逐步培养成自然圆头形树冠。

自然圆头形树冠 自然圆头形树冠结果状

2. 结果树修剪

成年树树冠控制在 3.5 米以内。对树冠外围及顶部的结果枝组，采用疏除或回缩的方法减少枝量；对下部或内膛的结果枝组，通过短截更新，使整个树冠的枝梢分布形成"上少下多、外疏内密"的立体结果格局。结果盛期的成年树主干或主枝上的徒长枝要全部去除。对过低的下垂枝，应逐步剪除，使下垂枝距地面大于 70 厘米。当树势衰老时，对主枝和副主枝回缩更新。定期或不定期修剪过密枝、交叉枝、病虫枝和枯枝。

通过修剪让果枝均匀分布

3. 棚架式整形修剪

为了方便疏花、套袋和采收等农事操作，有条件的果园可采用棚架式整形方法进行修剪，可实现枝条合理分布，并可预防风害。

在杨桃果园，在每隔 2 株种植行中间立 1 支柱，在高约 2.2 米位置横拉固定粗铁丝，然后把杨桃的枝条牵引固定在铁丝上，让枝条均匀分布。

棚架式整形结果状   棚架式整形方便果实套袋

三、搭架撑枝

杨桃枝较细弱、挂果多，为防止枝条折断及防止果实被风吹晃动、碰伤，可在树冠四周用竹木搭支架、撑枝，防止果枝折断并保护果实。

四、花果调控

杨桃开花时，花多、坐果率高，要获得高质量的果实，必须疏除病虫果、畸形果和过密果。

杨桃花多、坐果多   多次疏果

在开花前，根据杨桃花穗的生长情况，疏去过密花穗。要均匀抹疏，使留下的花穗均匀分布。

在谢花后进行两次疏果，第一次于果实直径 3 厘米左右时，先疏病虫果、畸形果和着生过密的小果，使果实在树上分布均匀；第二次于套袋前进行，疏除畸形果和病害果。疏果的原则是"去上留下、去外留内"，疏除树冠顶部、树冠外围果实，重点去除易受强日晒、生长不良和品质差的果实。

五、果实套袋

套袋的优点主要有以下方面：套袋对防治杨桃病虫害，尤其对鸟羽蛾、橘小实蝇、杨桃炭疽病具有显著防效。可减少农药使用次数，防止农药残留。减轻机械伤害，避免冻害与日灼，改善果皮色泽，提高果实品质。同时杨桃生产上，果实蝇为害较严重，疏果后应及时进行果实套袋。

果实 3 厘米左右时即可进行套袋

套袋后的果实　　　　　　　　套袋后的成熟果实

在果实长大至 3 厘米左右时即可进行套袋。套袋前喷施 1 次杀菌、杀虫药剂防治病虫害，待果面干后套袋，每个果实分别用规格为 18 厘米 ×30 厘米的白色纸袋或塑料薄膜袋，袋子下方应留好排水口。几种套袋材料中，套白色纸袋的果实着色及品质最好。

套白色纸袋的果实

套塑料薄膜袋的果实

套白色纸袋的果实

套塑料袋加网套的果实

杨桃主要病虫害防治

一、主要病害

1. 杨桃炭疽病

为害果实、叶片，多发生于成熟期，高温高湿天气有利病害发生。

病原为半知菌亚门胶孢炭疽菌。病菌以菌丝体在枯枝落叶或腐烂果实的病死组织上存活两年以上。当条件适宜时形成大量分生孢子，由雨水、风或昆虫传播，由气孔或伤口侵入。但相对湿度必须达到100%，并维持12小时病菌才能侵入。潜育期2~3天，全年均可发病。主要为害果实，叶片也可发病，多在果实成熟时才开始显现症状。果面初生暗褐色圆形小斑，扩大后内部组织腐烂，散发出酒味，病部产生许多米红色黏质小粒状物，严重时全果腐烂。被害叶片产生圆形、边缘紫红色的病斑，严重时大量落叶。

〔防治方法〕

①冬季修剪，清除枯枝、病枝和病果。喷30%氧氯化铜悬浮剂600倍或1%等量式波尔多液预防病害发生。

②幼果期喷250克/升嘧菌酯1 500倍液、20%咪鲜胺600倍液或80%福美双1 200倍液2~3次。

③新叶发病初期交替喷80%代森锰锌800~1 000倍液或75%百菌清可湿性粉剂500~800倍液，每10天喷1次，连喷2~3次。

2. 杨桃赤斑病

为害叶片，全年均可发生，以夏秋季为重。

病原为半知菌亚门假尾孢菌。病菌在病叶上越冬，潮湿多雨时萌芽，形成大量孢子，借气流、雨水传至新叶，发生初次侵染，病斑上新产生的大量病菌形成再侵染。叶片初现 1～2 毫米大的黄褐色小斑点，后逐渐扩大，形成近圆形至不规则形的红褐色病斑，病斑外围有黄色晕圈。严重时病斑密布，叶片易变黄，提早脱落。

被病菌侵染的杨桃叶片出现黄褐色小斑点

被病菌侵染后形成的红褐色病斑　　　　　病叶变黄并提早脱落

［防治方法］

①冬春修剪清园，及时清除落地烂果及病虫害果，减少病害来源。

②增施有机肥、微量元素肥，增强树势，提高抗病力。

③春季新叶初生时，喷 0.5% 波尔多液，每 7～10 天喷药 1 次，共 2～3 次，或用 250 克／升的丙环唑 500～600 倍液防治。

3. 杨桃煤烟病

主要为害叶片、枝条和果实。该病会在被害部位的表面形成一层黑色覆盖物，影响叶片的光合作用。

受煤烟病为害的杨桃叶片

本病病原菌是主要以浮尘子、介壳虫和蚜虫等害虫分泌物为生的寄生菌，因此虫害发生严重时，本病的发生亦随之严重。煤烟病会造成树势减弱，杨桃生长受抑制，花芽或新芽抽出困难。为害果实时，以果蒂部分较严重，并向下蔓延，使果实生长受阻，造成果实变形，影响外观而降低商品价值。管理不良的果园常发生煤烟病，叶蝉、介壳虫类及粉虱等害虫可在杨桃叶片或枝条上分泌蜜露，诱发煤烟病，因此害虫防治不力的果园更易发生，害虫密度大时，煤烟病的发生也随之严重。

［防治方法］

①煤烟病的真菌是以蚜虫、介壳虫等的分泌物为营养而滋生，消灭这些害虫，煤烟病即可得到有效防治。秋冬修剪时，把剪下的病残枝运出果园销毁。并配合喷杀虫、杀菌药剂清园。

②修剪过密枝、徒长枝和内膛枝，让果枝分布均匀，通风透光良好，做好果园排水，降低果园湿度。

③60% 的吡唑醚菌酯 / 代森联百泰水分散剂 1 500～2 000 倍液、75% 百菌清可湿性粉剂 600～800 倍液防治，每 7～10 天喷药 1 次，共 2～3 次。

4. 杨桃赤衣病

杨桃各品种均会被感染，以树势衰弱、阴暗处的枝干较易发病。每当夏秋潮湿多雨季节，旧病斑上会形成担孢子，随风雨传播至健康枝条上，成为初侵染而诱发病害。在环境卫生较差的果园，发病普遍。受害后，树干先端枯死，树干上附着一层白色或粉红色丝状薄膜，树皮龟裂而枯死，有时有白色点状的孢子囊。

［防治方法］

①加强果园管理。不从病区引进种苗和接穗。清除果园杂木、做好排水防涝、加强整枝修剪、增施有机肥料和钾肥、提高树体抗病能力。

②冬季清除枯枝、病枝，集中烧毁或掩埋。对树冠、地面喷施 3～5 波美度石硫合剂。

③用刀刮除病斑，在伤口和病斑处涂抹以 1∶0.5∶100 波尔多液或 3～5 波美度石硫合剂进行保护。也可用 80% 波尔多液 400～600 倍液或 30% 碱式硫酸铜悬浮剂 300～430 倍液喷洒树体枝干，间隔 1 个月，连喷 2～3 次。

二、主要虫害

1. 果蝇

果蝇是杨桃生产上为害最严重的虫害，其中以橘小实蝇最为严重。橘小实蝇是一种食性广、世代重叠严重、繁殖力强、传播快、为害大、难防治的检疫害虫，为害杨桃、番石榴、枇杷、印度枣、柑橘等46个科250多种果蔬植物，成为严重威胁我国农业生产尤其果业生产的重要害虫。橘小实蝇繁殖能力非常强，并且有迁飞性，化学防治难以达到理想的效果。雌虫将卵产在果实中，孵化后幼虫在果实内蛀食，造成大量落果，严重影响杨桃生产，在没有套袋或防虫网大棚种植的杨桃果园，有时全园找不到 1 个好果。

树上受果蝇为害的杨桃果实

果蝇为害后影响杨桃果实品质及外观

[防治方法]

①在杨桃果实大拇指大小时，进行套袋。

②使用糖醋液、性诱剂、小分子蛋白饵剂等诱杀。

③氯氰菊酯、阿维菌素等 3 000 倍液喷药防治。

受果蝇为害造成杨桃大量落果

2. 杨桃鸟羽蛾

杨桃鸟羽蛾主要蛀食花朵和幼果，导致落花落果。

杨桃鸟羽蛾幼虫   杨桃鸟羽蛾成虫

杨桃鸟羽蛾虫体细小，开花前成虫（俗称白蚊），产卵于杨桃叶背，开花时幼虫大量发生，初为淡绿色，细小如线，集中于花内，啮食花器和幼果，此时身体变为红色（俗称红线虫），老熟时从花梗处钻出，吐丝坠地化蛹。成虫多于清晨和傍晚活动并产卵，繁殖极为迅速。天气酷热时为害更甚，严重时花果受害率达50%～60%，导致大量减产。

受杨桃鸟羽蛾幼虫为害的花穗

受杨桃鸟羽蛾幼虫为害的花朵

由于杨桃鸟羽蛾虫体小，肉眼仅可见，极易忽视而严重为害，严重时可使花及幼果全部落光。

受杨桃鸟羽蛾幼虫为害的幼果

虫体在叶片上排出的黑色粪便

［防治方法］

①冬季清园，清除枯枝落叶集中烧毁，并中耕除草。

②对曾发生为害的果园在清园时，对地面、树叶喷90%敌百虫800倍液，消灭越冬虫源。

③发生病害时，每隔5～7天喷洒敌百虫1 000倍液，共2～3次；花期用

25%灭幼脲1 500倍液防治。

3.红蜘蛛

杨桃红蜘蛛又名杨桃全爪螨,喜欢高温干燥环境,在高温干旱的气候条件下,繁殖迅速,为害严重。

受红蜘蛛为害的杨桃叶片　　　　　　　红蜘蛛喜欢群集于叶片背面

该虫能为害杨桃、番木瓜、枇杷等果树。以成螨、幼螨群集叶片、嫩梢、果皮上吸汁为害。被害处出现许多灰白小点,发黄,导致落叶,落果。

受红蜘蛛为害的叶片正面　　　　　　　受红蜘蛛为害的叶片背面

[防治方法]

①及时除去果园的杂草,消灭越冬虫源。发现杨桃叶片有少量灰黄斑点时,要及早摘除,集中烧毁,以防蔓延。

②喷1.8%阿维菌素1 500倍液、15%哒螨灵2 250~3 000倍液等防治。红蜘蛛多在叶背面为害,喷药时要对准叶背面及内膛枝叶。

4. 蚜虫

蚜虫是最为常见的害虫，是繁殖最快的昆虫之一，也是世界上最具破坏性的害虫之一，蚜虫的繁殖力很强，雌性蚜虫一生下来就能够生育，一年可以繁殖10～30代。

主要以成蚜、若蚜用带吸嘴的小口针刺穿植物的表皮层，吸食嫩梢、叶片、幼果的汁液。

受蚜虫为害的杨桃幼果

［防治方法］

①清除枯枝杂草等病虫残物，保护瓢虫、草蛉等天敌，人工诱集捕杀。

② 1.8% 阿维菌素 1 500 倍液、40% 毒死蜱 1 200 倍液或 10% 吡虫啉 2 000～3 000 倍液。

5. 蓟马

蓟马是昆虫纲缨翅目的统称，是为害杨桃的常见虫害之一，在杨桃上主要以橘蓟马、茶黄蓟马等各类为害为主。蓟马的成虫和若虫用锉吸式口器锉破植物表皮组织，锉吸汁液。喜欢温暖、干旱的天气，适宜温度为 23～28 ℃，适宜空气湿度为 40%～70%。在杨桃生产上主要为害嫩叶、嫩梢、花和果实。

为害嫩叶、嫩梢后，造成嫩叶、嫩梢变硬卷曲枯萎，使植株生长缓慢，节间缩短。

为害花、果后，造成落花、落果。小花被害后花瓣干枯。小果被害后变褐坏死，果实被害后，造成黑皮果、畸形，为害的伤口还会造成裂皮果，严重影响杨桃果实品质和产量。

受蓟马为害的杨桃幼果

[防治方法]

①蓟马对蓝色具有强烈的趋性，可以在田间张挂蓝板，诱杀成虫。

②可用 5% 吡虫啉可湿性粉剂 3 000～5 000 倍液或 5% 啶虫脒 4 200～5 000 倍液，在花前施药 1～2 次，保护花穗。

6. 天牛

为害杨桃的主干和枝，天牛产卵的时候，会用锐利的嘴巴把树皮咬破，再把产卵管插入枝干内产卵。当卵孵化成幼虫，幼虫就啃食枝干，一直啃到中心。这时，枝干逐渐枯萎，阻碍杨桃的正常生长，减低产量，削弱树势，缩短寿命。受害严重时，导致整个植株枯萎与死亡。

受天牛为害的杨桃枝条

[防治方法]

①人工捕捉成虫，刮除卵粒及低龄幼虫。

②对有虫粪的枝干，用钢丝沿孔插入钩杀幼虫。

③树干上喷洒 8% 氯氰菊酯 200～300 倍液，或用 15% 吡虫啉 3 000～4 000 倍液，毒杀幼虫和驱避成虫产卵。

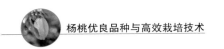

三、病虫害综合防治

按照"预防为主、综合防治"的方针，以改善杨桃园生态环境，加强栽培管理为基础，综合应用各种防治措施，优先采用农业防治、生物防治和物理防治措施，合理使用化学防治。

1. 选用抗病品种

选择香蜜杨桃等抗病虫性较强的品种，培育无病苗木。

2. 平衡施肥

生产过程中，增施有机肥，增施微量元素、微生物菌肥，每年春季翻松园土，适量撒施石灰，培育良好的土壤结构，增加树体营养，提高抗病虫能力。

3. 清园

通过合理修剪改善果园通风透光，每次采果后及时清除落地烂果及病虫果，剪除病虫枝、枯死枝、过密枝，烧毁枯枝落叶，减少病虫来源。

4. 物理防治

使用频振式诱虫灯诱杀蚜虫、蛾类等成虫，降低果园内虫口基数。

利用黄色板诱杀多种同翅目害虫，降低果园的虫口基数和密度。

太阳能诱虫灯灭虫

黄板诱杀果蝇

黄板及诱捕器诱杀果蝇

用性诱剂或蛋白饵剂防治害虫。性诱瓶应尽量挂于避光处，隔 5～7 天添加
1 次瓶内的灭虫农药，每 15 天左右添加 1 次性诱剂；小分子蛋白饵剂于开花期
及果实形成期的晴天或阴天上午施用，隔行隔株喷，药液喷于叶片反面，雾点
要细。

糖醋液诱捕器

果蝇诱粘剂

通过果实套袋，防治蛀果害虫和炭疽病，改善果实外观色泽，降低农药残
留，提高果品的商品价值。

杨桃果实套袋防果蝇等虫害

防虫网大棚种植，利用物理措施防治虫害，阻隔飞虫进入棚内，防虫效果佳。防虫网大棚种植可实现杨桃免套袋栽培，方便采收，免去套袋材料及人工费用，同时还可减少农药施用、提升果实安全、防暴雨、防冰雹、防强风、防冻害。

大棚种植也存在一些制约问题。覆网后造成一定遮光，会推迟花期，另外大棚建设初期投入成本较高，影响应用规模。

杨桃防虫网栽培

5. 生物防治

使用微生物源、植物源生物农药。创造有利于天敌繁衍的果园生态环境，保护或人工释放捕食性或寄生性天敌。

6. 化学防治

化学农药防治要按 GB 4285 和 GB/T 8321 中有关规定执行。

第八章

杨桃果实采收与贮运

一、果实采收

1. 分批采收

当果实成熟时开始分批采收，按果实的成熟度分为红果、青果两种。果实生长饱满、充分成熟、呈红黄色的为红果，此时甜度高品质优，适宜现场品尝或就近销售。果实已生长饱满而未充分成熟，颜色由青绿转为淡绿，果实甜度增加而无涩味时采收，称为青果，外运远销时应以采收青果为主。

2. 采收方法与注意事项

一般在晴天上午采收。采收时从果柄处采下，轻拿轻放。采果篮（筐）垫衬海绵等柔软物，每篮（筐）重量以 10 千克为宜。下雨或雨后初晴果实水分多，容易腐烂，不宜采收。

果品采收

果品采收后解袋

二、果实采后处理

将采收下的果实运到包装场地进行挑选和包装。剔除损伤、病虫为害和畸形等果实，根据果实的大小、成熟度进行分级；分级后果实根据不同规格采用卫生、透气和耐压的包装箱进行包装，包装箱周边打若干透气孔。包装箱内果实分层摆放，每层果实间以海绵等柔软物分隔开，用胶带封牢包装箱。包装箱外面注明品名、等级、产地、包装日期、重量等内容，置于卫生、阴凉、通风的地方。

果品分级

在果实外套玻璃纸减少水分蒸发

果实套上玻璃纸

果实套上泡沫网兜

采后的果实在室温摊放贮藏，可贮藏 1～4 天。在温度为 3～5 ℃、相对湿度为 85%～90% 的条件下，杨桃果实可贮藏 7～14 天。

套上泡沫网兜

装箱外运

三、果实运输

杨桃果实棱边容易损伤、变褐，影响果实外观和商品性，在果品装箱时不要留有太多空隙，以免果实在装运过程中移动碰伤。可以采用泡沫箱加气囊袋包装的形式，减少果实运损。在杨桃果品运输、搬运过程中，要轻拿轻放。

果实排列紧密防止碰伤

气囊袋包装

杨桃精品果实包装

鲜果装车外运

第九章

杨桃的加工和利用

一、杨桃果脯

工艺流程：原料选择→分选→清洗→用刀将果实纵切成条状→用明矾或氧化钙作硬化剂进行硬化→浸入 40% 的白糖溶液中糖制→沥干糖液→烤房烘干→低温贮存。

杨桃果脯

杨桃果脯

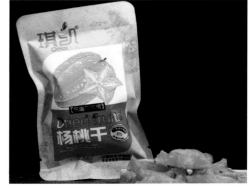

杨桃果干（图片引自慧聪网）

二、杨桃汁

工艺流程：杨桃榨汁→添加白砂糖等辅料→调配→过滤→超高压均质→真空脱气→超高温瞬时灭菌→灌装→检验→倒瓶、杀菌→喷淋冷却→烘干→喷码→贴标→装箱。也可以将杨桃鲜果先进行腌制，然后再榨汁制作成杨桃汁。

三、杨桃罐头

工艺流程：原料选择→分级→清洗→刨边、切片→去籽→漂洗→硬化→盐水热烫→漂洗→装罐→灌糖液→加热排气→封罐→杀菌→冷却→擦罐、入库、检验。

杨桃罐头　　　　　　　　　　　　　　杨桃罐头

四、杨桃酒

工艺流程：原料选择→分选→清洗→用刀将果实横切成星形→装入容器→加冰糖→加入酒→封罐。

杨桃酒

杨桃果酒

五、冻干杨桃

工艺流程：筛选、去杂→清洗杀菌→摆盘→冷冻→真空干燥→贮存→包装销售。

冻干杨桃

冻干杨桃（图片引自北极网）

六、其他

杨桃还可以加工成杨桃蜜饯、盐渍杨桃、杨桃果酱、杨桃果醋、杨桃酱料等多种产品，在网络上很容易搜索到各式各样的做法。

盐渍杨桃

杨桃膏

第十章

杨桃发展展望

　　我国南方龙眼、荔枝、芒果等大宗热带亚热带水果品种，鲜果大多在夏、秋上市，使得南方特色水果在冬春季呈现结构性、区域性和季节性不足。杨桃果实主要在冬春上市，正是南方特色鲜果上市淡季，填补了市场空白。

　　一些其他南方特色果树，成熟期大都2～3个月，栽培面积达几十万上百万亩。杨桃果实上市时间可达半年以上，鲜果贮藏性也较好，果品销售期长，果实可加工成杨桃脯、杨桃干和杨桃汁等产品。目前全国杨桃栽培总面积不到10万亩，仍有较大的发展空间。

　　杨桃果实营养丰富，风味独特，又具有一定医疗保健功效，符合当前消费需求，市场潜力大，且具有生长快，结果早，产量高，种植投资回收快、经济效益高等优点，是南方部分省区优化调整果树品种结构、增加农民收入的优良树种，产业发展还有较大空间。

福建云霄杨桃观光采摘节

云霄下河杨桃小镇

广东梅州杨桃节

杨桃也可作为蜜源植物

福建云霄杨桃公园

福建云霄杨桃公园

杨桃观光采摘旅游

杨桃鲜果及加工产品展销

一、杨桃果蝇防治技术有待加强

在杨桃生产过程中，果蝇为害严重，影响鲜果品质。目前主要通过果实套袋防治果蝇，减少农药使用，并改善果实外观。随着劳动力成本提升，套袋采收人工成本成为影响杨桃种植效益的重要因素。本项目组开展了杨桃防虫大棚试验，防虫效果明显，但目前果树栽培中设施大棚投入高、应用相对较少。今后要开展大棚设施研究，提出省力、省成本的方案，一方面防止果实受冻，另一方面通过防虫网栽培防治虫害，实现杨桃设施、经济栽培，并扩大栽培区域。

二、杨桃防冻技术研究有待提升

品种比较表明，项目同期引进的品种中，'软枝蜜丝杨桃'和'香蜜'抗寒性表现相对较好，其他品种如'红龙'杨桃，果大、外观佳，但容易受冻。在生产上，通过设施栽培防冻存在投入高的问题，因此，今后在防寒剂开发、防寒品种选育和其他防寒技术研究等方面需要加强，提供可供大规模应用成果，促进产业提升。

三、杨桃育种、功效成分及药理机制方面研究有待加强

长期以来各地较重视大宗水果的研究，而对杨桃等小宗特色果树的研究相对薄弱，在杨桃育种创新能力、资源研究、优良品种自主选育和栽培技术等领域还需要得到更多的重视和加强。

杨桃有解酒毒、消积滞、治疟疾等功效，在民间有杨桃叶煮水治痛风的偏方，但杨桃含有哪些有益的功效成分及其药理机制等方面研究不足，制约产业发展壮大。在加工技术和产品等方面也需要进行更多的研究。

附录　杨桃栽培周年历

一月（小寒、大寒）

物候期：挂果期。

树体管理内容：疏果、套袋，在树冠四周用竹木搭支架、撑枝、护果，防止果枝折断，同时防止果实被风吹晃动、碰伤。

果园耕作内容：全园浅翻土中下旬开沟培土埋肥，防旱防霜冻。

施肥：在中下旬，果园开沟施有机肥和速效化肥，根外追肥。注意保果防冻。

主要病虫害：红蜘蛛。

二月（立春、雨水）

物候期：挂果期。

树体管理内容：搭架、撑枝、护果。

果园耕作内容：清沟培土，遇春旱浇水。

施肥：沟施有机肥、复合肥。

主要病虫害：红蜘蛛。

三月（惊蛰、春分）

物候期：挂果期。

树体管理内容：搭架、撑枝、护果。

果园耕作内容：清沟培土，遇春旱浇水。

施肥：叶面喷施 0.2% 磷酸二氢钾。

主要病虫害：红蜘蛛、蚜虫。

四月（清明、谷雨）

物候期：采收期、春梢抽生期。

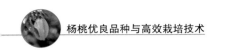

树体管理内容：采后修剪，疏去下垂枝、衰老枝、交叉枝、细弱枝、枯枝、过密枝和徒长枝。

果园耕作内容：采果后修枝、清园。

主要病虫害：赤斑病、鸟羽蛾、蓟马、红蜘蛛、蚜虫。

五月（立夏、小满）

物候期：春梢期。

树体管理内容：采后修剪，剪除直立枝、徒长枝、病虫枝和细弱枝。

果园耕作内容：上旬清园，叶面及地面喷施低浓度波尔多液杀菌，清除枯枝落果。

施肥：每株用复合肥 2 千克，碳铵 1 千克稀释后，沿树冠滴水线浇施。

主要病虫害：红蜘蛛、蚜虫、鸟羽蛾、炭疽病、赤斑病。

六月（芒种、夏至）

物候期：枝梢生长期、花芽分化期。

树体管理内容：培养健壮的结果枝条，促进花芽分化。叶面喷施 0.2% 磷酸二氢钾加硼砂，连续 2 次。

果园耕作内容：雨季加强清沟、排水。

施肥：沿树冠滴水线开条形沟，每株成年树施有机肥 10～20 千克，钙镁磷肥 1～2.5 千克、氯化钾 1～2 千克。

主要病虫害：天牛、红蜘蛛、蓟马、鸟羽蛾、赤斑病。

七月（小暑、大暑）

物候期：幼果期。

树体管理内容：疏果、套袋，叶面喷施氨基酸加杀虫杀菌剂。

果园耕作内容：果园生草保湿，遇旱浇水，雨天排水。

施肥：株施尿素、氯化钾和过磷酸钙各 1 千克，促进幼果生长。

主要病虫害：天牛、红蜘蛛、鸟羽蛾、赤斑病。

八月（立秋、处暑）

物候期：果实膨大期，花芽生理分化期。

树体管理内容：叶面喷施 0.2% 磷酸二氢钾加硫酸镁加杀虫杀菌剂，连续 2 次。

果园耕作内容：果园生草覆盖，遇旱早晚喷水，雨天排水。

施肥：株施氯化钾 1 千克、过磷酸钙 1 千克、碳铵 1 千克，促进果实膨大、转色。

主要病虫害：鸟羽蛾、赤斑病。

九月（白露、秋分）

物候期：果实成熟期，花芽分化期。

树体管理内容：分批采收果实。

果园耕作内容：遇旱喷水，遇台风暴雨排水。

施肥：复合肥作根外追肥，促进树势恢复。

主要病虫害：红蜘蛛、赤斑病。

十月（寒露、霜降）

物候期：幼果期。

树体管理内容：疏果、套袋。

果园耕作内容：防旱抗旱，保持果园湿度。

施肥：根外追肥。

主要病虫害：红蜘蛛、赤斑病。

十一月（立冬、小雪）

物候期：果实膨大期，花芽生理分化期。

树体管理内容：撑枝、护果。

果园耕作内容：铲除果园杂草。

施肥：根外追施叶面肥。

主要病虫害：蓟马、赤斑病、炭疽病。

十二月（小寒、大寒）

物候期：果实成熟期，幼果期。

树体管理内容：分批采收果实。

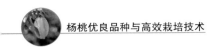

果园耕作内容：12 月中下旬进行全园浅翻。

施肥：翻土前施钙镁磷肥、混合有机肥。

主要病虫害：赤斑病。

（本栽培周年历以福建闽南地区为例，供参考。）

参考文献

陈水用. 2012. 台湾软枝杨桃棚架式优质高效栽培技术［J］. 福建热作科技,（3）: 53-56.

韩文福, 郑宴义. 2008. 杨桃橘小实蝇的防治试验［J］. 福建热作科技, 33（1）: 13-15.

何新华, 张允伟, 姜建初, 等. 2010. 套袋对杨桃成熟期及品质的影响［J］. 广东农业科学, 3: 114-116.

贺宇红. 1998. 台湾的甜杨桃［J］. 世界热带农业信息,（12）: 29.

黄纪元, 彭丽梅, 涂振才. 2008. 台湾甜杨桃在容县引种表现及主要栽培技术［J］. 广西农学报, 23（4）: 71-72.

李泰强. 2001. 杨桃优质丰产高效的栽培管理技术［J］. 中国南方果树,（3）: 36-37.

廖汝玉, 刘韬, 蔡元呈, 等. 2009. 福建省甜杨桃产业现状、存在问题及发展对策［J］. 中国农学通报, 25（20）: 213-215.

林来金, 张玮玲, 周加顺, 等. 2012. 香蜜杨桃无公害栽培技术［J］. 福建农业科技,（6）: 16-17.

刘胜辉, 魏长宾, 李伟才, 等. 2008. 3个杨桃品种的果实香气成分分析［J］. 果树学报, 25（1）: 119-121.

刘业强, 徐维瑞, 陆玉英, 等. 2008. 杨桃新品种大果甜杨桃1号的选育［J］. 中国果树报,（6）: 11-12, 23.

苏伟强, 刘业强, 陆玉英. 2007. 杨桃新品种大果甜杨桃2号的选育［J］. 果树学报, 24（5）: 722-723.

徐雪荣, 臧小平, 雷新涛. 2002. 杨桃病虫害及其防治［J］. 中国南方果树, 31（4）: 34-37.

张玮玲, 林来金, 张宗荣, 等. 2012. 5个杨桃品种在闽南地区的表现［J］. 亚热带农业研究,（4）: 250-252.

张玮玲，林来金，钟秋珍，等．2012．不同材质套袋对杨桃果实品质及保温防寒的影响［J］．福建果树，（2）：13-15．

张玮玲，林武，吴进权，等．2011．闽南地区杨桃常见病虫害及其防治［J］．亚热带农业研究，（2）：114-117．

张玮玲，阮传清，林来金，等．2011．闽南地区阳桃产期调节技术［J］．福建果树，（4）：38-39．

张泽煌，张玮玲，刘韬，等．2014．杨桃栽培技术规范（DB35/T 1435—2014）［S］．

曾建飞，姚坚毅．1998．中国植物志（第四十三卷，第一分册）［M］．北京：科学出版社，4-20．

钟秋珍，林旗华，张泽煌，等．2016．浅析漳州市杨桃产业发展转变［J］．东南园艺，4（6）：40-41．

钟秋珍，林旗华，张泽煌．2018．我国杨桃产业发展概况［J］．东南园艺，（5）：41-44．

钟秋珍，张玮玲，林武，等．2011．5个杨桃品种果实氨基酸含量及组成分析［J］．福建果树，（3）：5-8．

钟云，姜波，蒋侬辉，等．2009．不同杨桃品种品质分析及草酸含量的测定研究［J］．广东农业科学，（12）：67-69．